百年記憶兒童繪本

李東華｜主編

綠色的塞罕壩

大秀｜文　　周翊｜繪

中華教育

爺爺帶着張苗兒去旅遊，說要到一個名叫塞罕壩的地方看一棵樹。

「樹有甚麼好看的？我們住的地方也有很多樹呀！」張苗兒問。

爺爺平靜地説：「這棵樹不一樣。」

造林技術

進入山路，汽車行駛的速度變得緩慢。

這時，爺爺打開一本書，書頁中間夾着早已乾枯的松樹葉：「這松樹葉爺爺珍藏了五十年，它就來自那棵樹，它的上面寫滿了故事。」

「甚麼樣的故事？」

望着松樹葉，爺爺講起了他的童年……

我九歲那年，爸爸響應國家號召，要去一個遙遠的地方工作。爸爸說那個地方叫「塞罕壩」，那裏有山有水，就是沒有樹。爸爸要到那裏去種樹，讓那個地方變得更美麗。

爸爸去塞罕壩的那天剛好是我的生日。

「對不起，小樹，爸爸不能帶你去看天安門了。」爸爸說。

我嗚嗚地哭了起來。

爸爸掏出一張他畫的畫，說：「小樹別哭，等到這張畫上的小樹苗長成大樹時，我就帶你去看天安門。」

爸爸畫的那棵小樹苗一直沒有長大。

於是，我開始畫樹，每天畫的都要比前一天的長高許多。等到我畫的樹很大很大時，爸爸就一定會回來。

記得那年過年前，爸爸寫信說會回來過年。我和媽媽等了整整一個晚上，爸爸卻沒回來。後來我們才知道，那一天大雪封山，汽車在山路上拋錨了。

那一年的大年夜，我望着夜空的煙花，淚如泉湧。爸爸能和我一樣，看到這些絢爛的煙花嗎？

三年後，爸爸終於回來了。再一次出發時，我和媽媽也得跟着他一起去塞罕壩。

一大早，爸爸把一箱書和幾件家具裝在汽車上，我們就出發了。

我很興奮，想馬上看到那個遠方的新家。

我們先坐汽車，然後坐馬車，最後又改成了牛車。

快到塞罕壩時，爸爸指着遠方一座光禿禿、灰濛濛的大山說：「張小樹，你看到那座山了嗎？那裏就是我們的塞罕壩！」

「可是爸爸……那裏沒有畫上那麼多綠色的樹呀！」

「等着吧，等你長大後，它就會變得和畫上一樣，變成一座金山了。」爸爸說。

牛車終於停了，眼前只有幾座零星的草棚房子。爸爸說塞罕壩到了。

難道這就是爸爸說的美麗的地方？這裏的風沙吹得人睜不開眼，到處都那麼荒涼。

我哭鬧着要回家。媽媽流着淚問爸爸為甚麼讓我們來這裏。

爸爸沉默了很久，說：「我對不起你們娘兒倆。我是黨員，要給大家帶個好頭，做個榜樣，這樣才能讓大家踏踏實實留下來種樹……」

晚上，我們吃的是蓧麪窩頭和鹹菜。

「一切都會好起來的……」爸爸說。

植
樹
造
林

塞罕壩沒有學校，爸爸就帶着大家給我們搭建了「窩棚學校」。他找來一塊木板，用墨水塗成黑色當黑板，用石頭架上長條木板當桌凳。我們十來個孩子，不分年級，擠在一起上學。

一位紮辮子的老師給我們上課，我們暗地裏叫她「辮子老師」。第一節課，辮子老師教我們讀三個字 —— 塞罕壩。

她說，「塞罕」在蒙古語裏是「美麗」的意思，塞罕壩就是美麗的高嶺。

我對老師說：「可是這裏一點也不美麗。」

老師說：「這裏在古代是美麗的，後來因為亂砍濫伐，樹沒了，空氣變差了。不過，現在有這麼多人一起努力，以後這裏一定會變得像從前一樣美麗。」

塞罕壩的冬天特別的冷，又特別漫長，我們生了凍瘡的手握不住鉛筆。
小松說他有火柴，我說：「不如我們烤火吧。」
我們漫山遍野地撿柴，撿來的柴堆起了一座小山。

看到煙火，爸爸急匆匆地跑過來，說：「誰讓你們點的火？剛種的小樹苗，被點燃了怎麼辦？這可是我們在馬蹄坑一棵一棵用血汗澆灌出來的呀！」

我們對爸爸口中的馬蹄坑充滿了好奇。星期天，我們幾個去了那裏，半路上看到了辮子老師。我們很驚訝，原來辮子老師也種樹。

馬蹄坑果然是個好地方，這裏種着很多小樹苗，我們偷偷拔了幾棵。在後山溝，我們找到一塊偏僻的地方，找來鐵鍬，學着大人的樣子，把小樹苗種了下去。

這裏是我們的「秘密花園」。

聽說小樹要施肥才能長得快，於是我們幾個到處跑着撿牛糞和馬糞。

建林說牛糞很臭，我說對樹來說牛糞很香呢。

那天晚上，我做了一個夢。夢裏，我們種的小樹苗長成了一大片森林，我和小夥伴在森林裏捉迷藏。

很多鳥兒在枝頭築巢，小鹿、野兔蹦跳着在樹下玩耍。

第二天吃飯時，爸爸悶悶不樂地說，農場的楊師傅培養的三棵樟子松被人挖走了。

我心裏一顫，低下頭：「爸爸，對不起，是我和建林、小松挖了樹種在了後山溝裏……」

過了幾天，爸爸帶着我們去看了一棵樹。他說這是塞罕壩的「功勛樹」「先鋒樹」，是他來之前這裏唯一的一棵樹。

爸爸說：「我一看到這棵樹，就決定留下來陪它。做人做事要像這棵樹，有堅持，有韌勁。你們喜歡種樹，長大了也可以在這裏種樹的。」

爸爸遞給我一束松樹葉，我把它夾到了課本裏。

「可是，爸爸，為甚麼要在這裏種樹呢？」

爸爸說：「你不是想看天安門嗎？我們種下的樹，能變成綠色的屏障，幫天安門擋住風沙，讓天安門的天變得更藍！」

我立刻說：「那我長大了也要種樹。」

在大家的努力下，塞罕壩越來越綠。
夏天的一個午後，我看到一隻鳥兒停在了我和建林、小松種的樹上。
我高興地去叫爸爸。
爸爸見了，愣在那裏，半天才說：「鳥兒們回來了……」
爸爸帶着我們去山上看他們種的樹。
爸爸說，每棵樹都會呼吸、說話、唱歌，還會吃東西呢。
於是，我們給每棵樹都起了名字。

塞罕壩被樹染綠的那年夏天，爸爸帶着我去看了北京天安門。
在藍天的襯托下，天安門顯得越發雄偉莊嚴。

1977年，長大的我接過爸爸的擔子，開始在塞罕壩種樹。我體會到了爸爸的辛苦和不易。這年，塞罕壩遭遇了雨凇災害，57萬畝森林被毀。但我們並沒有懼怕。

1980年的夏天，塞罕壩又遭遇了一場百年難遇的大旱，12萬畝樹木遭了殃。我們咬着牙重新開始，就像爸爸那代人一樣，繼續苦幹……

故事講到這裏的時候，爺爺的思緒似乎沉浸在了回憶裏。張苗兒揚起小臉，連聲問道：「那後來呢？那些小樹活了嗎？長大了嗎？」

導遊阿姨的聲音響了起來：「前面就是塞罕壩了。大家都坐好，不要急呀。」

爺爺摸了摸張苗兒的頭，打開車窗。山裏的空氣好新鮮。望着窗外一排排高大的落葉松，爺爺微微地笑了。

一下車，張苗兒就驚叫起來：「哇，爺爺！小樹活了對不對？小樹都長高了！到處都是綠色的樹！」

爺爺帶着張苗兒來到一棵大樹旁，這棵大樹樹冠高聳入雲，樹幹粗得一個人抱不過來，爺爺説這就是那棵遠近聞名的「先鋒樹」。

爺爺對着「先鋒樹」深深鞠了一躬，掏出一張畫，放在了樹前。

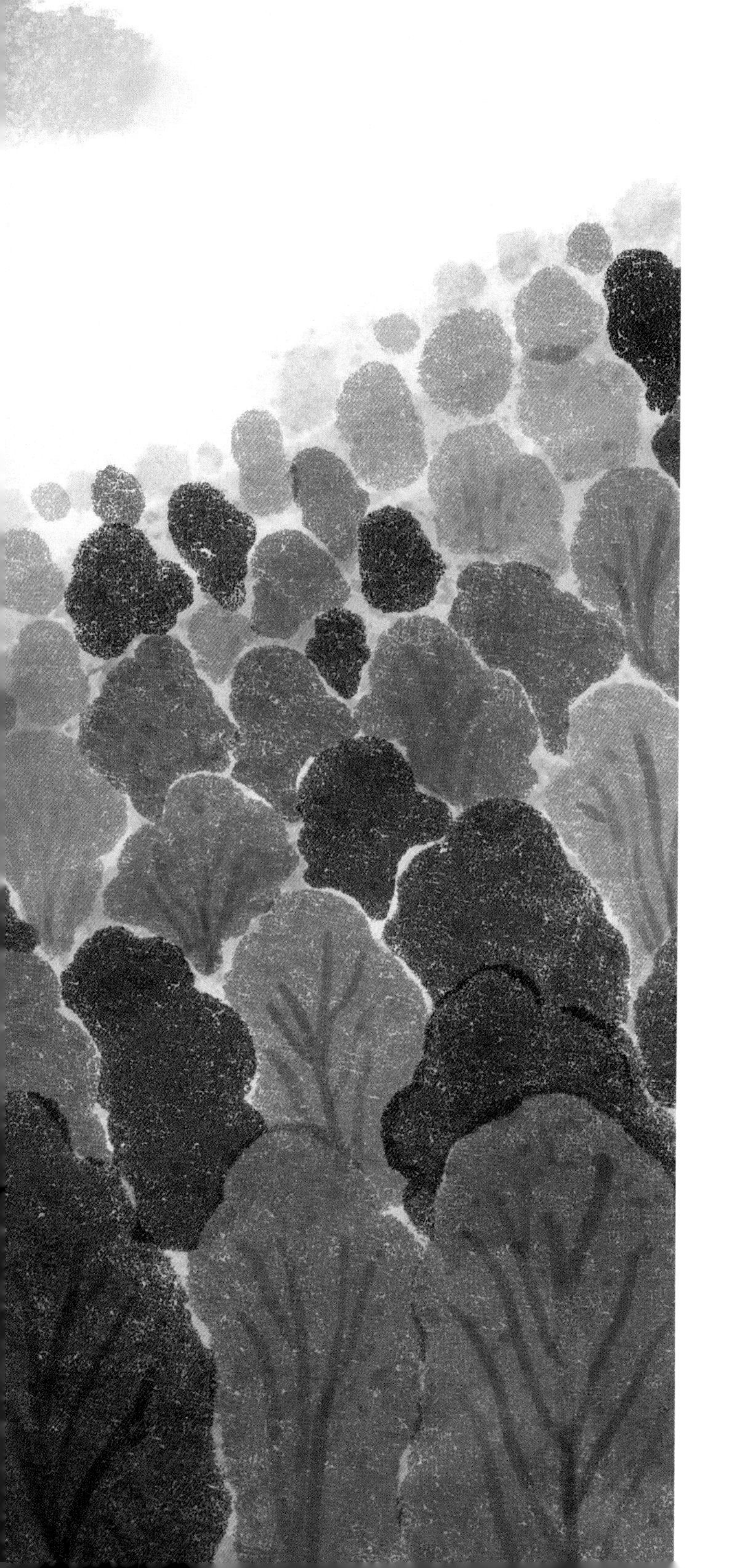

「你知道塞罕壩現在一共有多少棵樹嗎？」爺爺問。

「1、2、3、4、5、6……」張苗兒轉來轉去，看了又看，這才搖了搖頭，「我數不過來。」

爺爺自豪地說：「現在的塞罕壩是世界上最大的人工森林，一共有4.8億棵樹。如果按一米一棵排起來，它們可以繞地球12圈呢。這4.8億棵樹，是人們一棵一棵親手種出來的。因為這些樹，北京的空氣變新鮮了。現在，塞罕壩森林生態系統每年可涵養水源1.37億立方米，釋放氧氣54.5萬噸，可供199萬人呼吸一年呢。」

是的，這就是塞罕壩，一代一代種樹人用青春和汗水種出的奇跡綠洲。

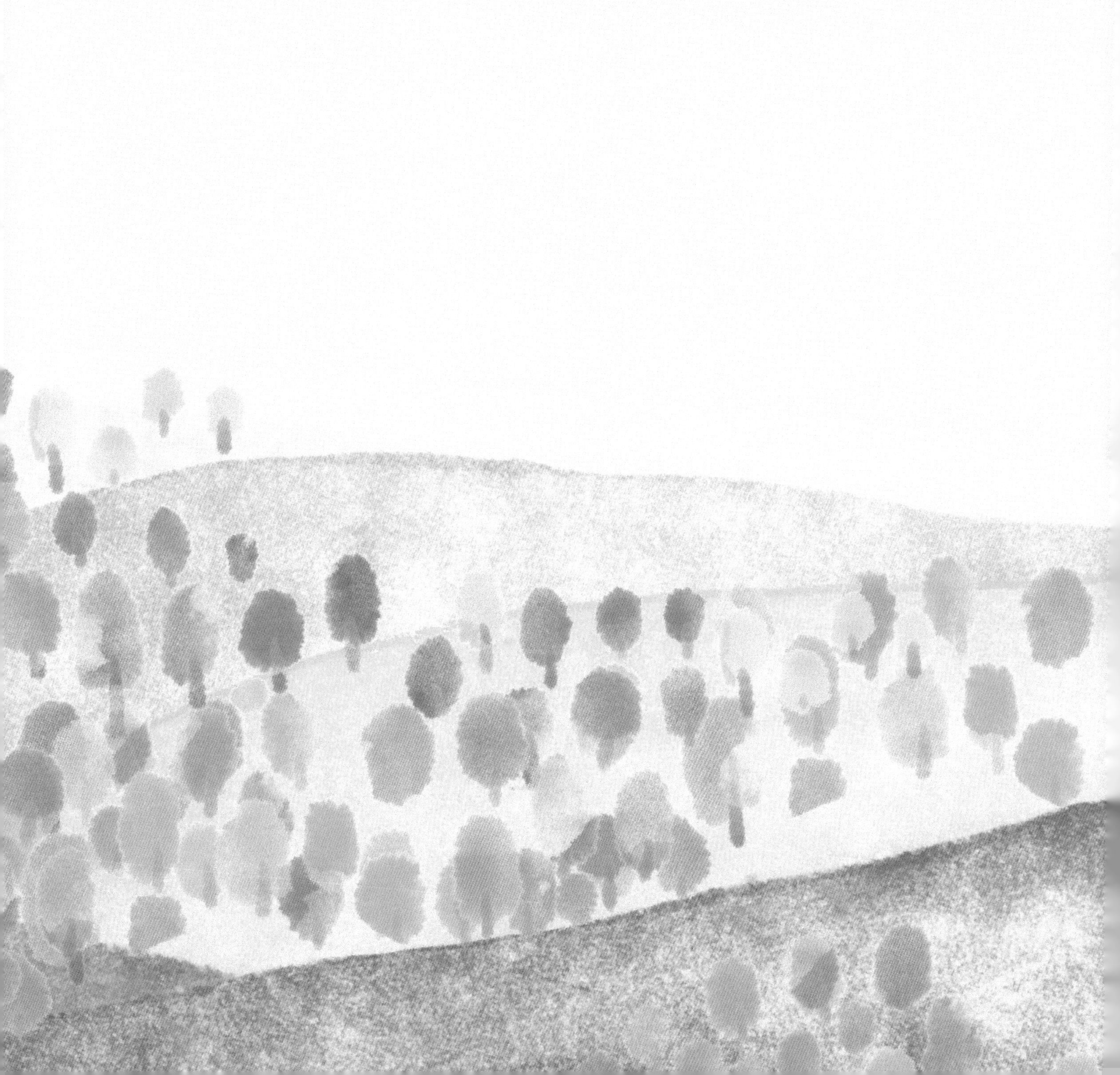

◎責任編輯 楊 歌
◎裝幀設計 鄧佩儀
◎排　　版 鄧佩儀
◎印　　務 劉漢舉

百年記憶兒童繪本

綠色的塞罕壩

李東華｜**主編**　大秀｜**文**　周翊｜**繪**

出版｜中華教育
香港北角英皇道 499 號北角工業大廈 1 樓 B 室
電話：(852) 2137 2338 傳真：(852) 2713 8202
電子郵件：info@chunghwabook.com.hk
網址：http://www.chunghwabook.com.hk

發行｜香港聯合書刊物流有限公司
香港新界荃灣德士古道 220-248 號荃灣工業中心 16 樓
電話：(852) 2150 2100　傳真：(852) 2407 3062
電子郵件：info@suplogistics.com.hk

印刷｜迦南印刷有限公司
香港葵涌大連排道 172-180 號金龍工業中心第三期 14 樓 H 室

版次｜2023 年 4 月第 1 版第 1 次印刷

規格｜12 開 (230mm x 230mm)

ISBN｜978-988-8809-66-0